秦淮博览

QinHuai Expositions

陈大卫 主编

河海大学出版社
HOHAI UNIVERSITY PRESS

·南京·

序

是“秦淮”，更是“情怀”

在长江数百条支流中，长度仅有110千米的秦淮河虽然“微小”，却是一颗璀璨的“明珠”。秦淮河是南京古老文明的摇篮，孕育了南京璀璨的古老文化。千百年来，一直是这座城市的历史文化主流和重心所在，被南京人民亲切地称为“母亲河”。

同悠悠流淌的秦淮河一起，江苏省秦淮河水利工程管理处（以下简称“管理处”）秉持着“守护江河岁岁安澜”的初心，承担着秦淮河流域防洪减灾、抗旱灌溉、城市排涝、水环境改善、航运保障和石臼湖、固城湖管理与保护等任务，守护着万顷良田和千万百姓，为流域经济社会发展作出了重要贡献。

2022年适逢管理处成立60周年。60年来，管理处精准管控秦淮河水利枢纽，常态化保障秦淮河生态水位、生态流量，实现了从“既怕涝又怕旱”到人水和谐的飞跃。今天的秦淮河两岸，“长虹”卧波、“蛟龙”逶迤，呈现出绿洲遍布、河湖安澜的新景象。近年来，管理处荣获全国文明单位、江苏省先进基层党组织等多项荣誉，通过水利部水利工程管理单位、水利安全生产标准化一级单位考核，连续八次蝉联江苏省文明单位，连续五届获评全国水利文明单位，硕果累累，明珠闪亮，成为水利高质量发展成就在江苏省会的展示窗口。

为回顾秦淮河流域治水历程，展示水利风采，我们精心编辑了这本图集，希望把更生动、更精彩的秦淮河故事带给读者。图集集中展示了秦淮河治水地理、治水文化、治水故事、治水工程等，收编了由水利职工和社会各界拍摄的图片近100幅，图文并茂，艺术价值高，让读者在阅读中体味人水相生、河城相依、文脉传承的情境。

一脉秦淮源远流长，水韵新姿厚德浚引。新的时期，我们将继续守护这一方流域，让秦淮河以灵性的水生态，呈现“鱼翔浅底”的画面；以富集的水文化，共荣“文昌人和”，谱就水韵江苏新乐章！

目录

自然地理篇

古秦淮

千载秦淮曲尺流

秦淮河，古名龙藏浦。『浦』是吴地人对河的称谓，汉代称淮、小江，中唐以前称『淮水』。到了唐代末期，民间传说秦始皇东巡时，望金陵上空紫气升腾，以为王气，于是『凿方山，断长垅为渎，入于江』，人们误认为此水是秦时所开，故将淮水改称为『秦淮』。这一说法源自〔景定建康志〕卷十八，原文为『旧传秦始皇时，望气者言五百年后金陵有天子气，于是东游以厌当之，乃凿方山，断长垄为渎，入于江，故曰秦淮』。

但经地质、考古学者证实，远在七千万年前，这条河道便已初具雏形。南宋年间〔景定建康志〕也有记载：『秦淮二源合自方山埭，西注大江，分别屈曲，不类人功，疑非秦皇所开。』据此，传说虽已不能为真，但『秦淮』一名却流传千古，使得一座金陵城满载千年秦淮情。

地形地貌

秦淮河，位于江苏省西南部，流域面积 2684 平方千米。地形总体上“东高西低，四周高，中间低”，为一完整的构造盆地，两岸是低洼圩区，地面高程 6 ~ 8 米，圩区后面是丘陵山区，地面高程 300 米以下。

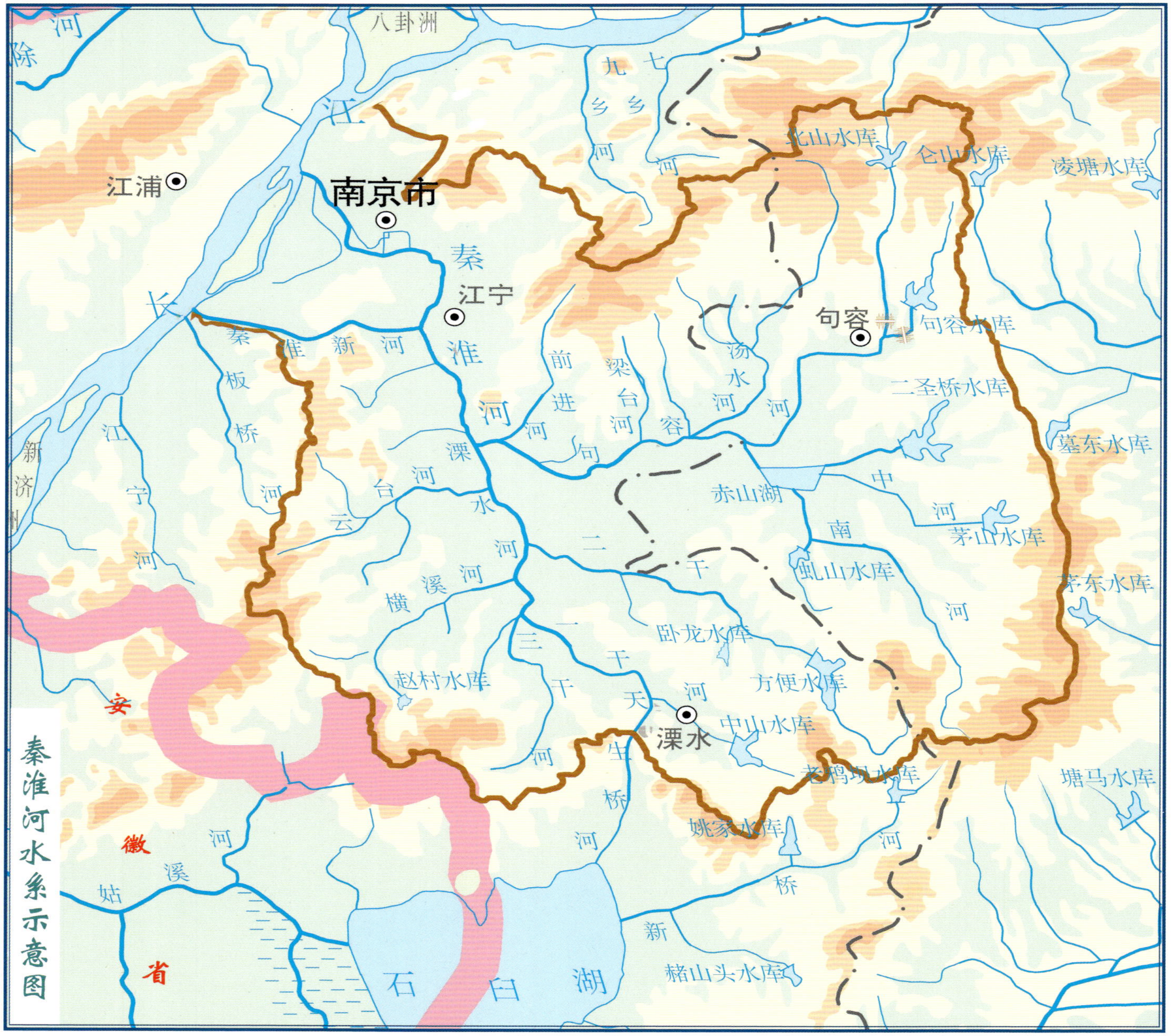

秦淮河水系示意图

水系构成

秦淮河全长 110 千米，流域面积的 66.2% 在南京市境内，33.8% 在镇江市句容市境内。

秦淮河有南北两源。北源句容河，源于镇江市句容市宝华山南麓，长约 41 千米。南源溧水河，源于南京市溧水区东庐山，长约 35 千米。句容河、溧水河在南京市江宁区西北村合流，形成秦淮河干流。

秦淮河干流长约 35 千米，河面宽 90 ~ 200 米。自西北村经方山西侧北流，过东山、上坊入南京主城，在城东南东水关分为内、外两支，两支后在城西南西水关外复合，合流后向北经三汊河汇入长江。

1978 年，新辟自南京市江宁区河定桥往西 16.8 千米的秦淮新河，由此，秦淮河形成“两源合一，两流入江”的流域格局。

气象水文

秦淮河流域属北亚热带季风气候区，具有季风明显、降水丰沛、四季分明、无霜期长的气候特征。年平均气温 15 ~ 16℃，年平均降雨量 1038 毫米、蒸发量 1021 毫米。年平均降雨量 1000 毫米意味着每平方米的土地能够平均得到 1 吨雨水。流域降水量年内分布不均匀，汛期 6 ~ 9 月约占全年降水量的 55%，汛期雨量又集中在 6 ~ 7 月，占汛期雨量的 63%。中华人民共和国成立后，以秦淮河东山水文站为基准，确定秦淮河警戒水位为 8.5 米，2019 年调整为 8.8 米。

玄武湖

河岸风貌

秦淮河流岸线较为平整，沿岸景色秀美，植被覆盖率高，是国内外深具影响力和知名度的“城市生态绿色走廊”。

秦淮河源头风貌

外秦淮河赛虹桥段

秦淮河西北村段

秦淮新河切岭段

秦淮河入江口旧貌（摄于 1998 年）

三汊河河口——秦淮河入江口

外秦淮河凤台桥段

内秦淮河

秦淮河武定门段

句容河

东庐山

溧水河

白鹭洲公园

历史文化篇

秦淮明月照行舟

秦淮河是一条神奇的河，千百年来如母亲般哺育南京大地，孕育了南京古老文明和深厚的秦淮水文化，见证着这座城市的荣辱沧桑。

古秦淮

史前－秦汉

这一时期，秦淮河属于自然河流，是长江下游的一条汊江。

春秋战国时期，秦淮河宽约 500 ～ 800 米，控扼江太，易守难攻的区位地理优势让南方群雄纷纷在沿岸建造城邑，展开相互争夺。

至秦汉，秦淮河两岸出现了湖熟（今江宁湖熟）、秣陵（今江宁秣陵）、丹阳（今江宁小丹阳）、溧阳（今高淳境内）等古县，其密集程度十分罕见，体现了秦淮河流域的人口、经济发展程度及城市群的早期水平，为南京的崛起奠定基础。

东汉末年，孙权决定徙治秣陵（今南京），并改名建业，南京由此开始了都城时代。

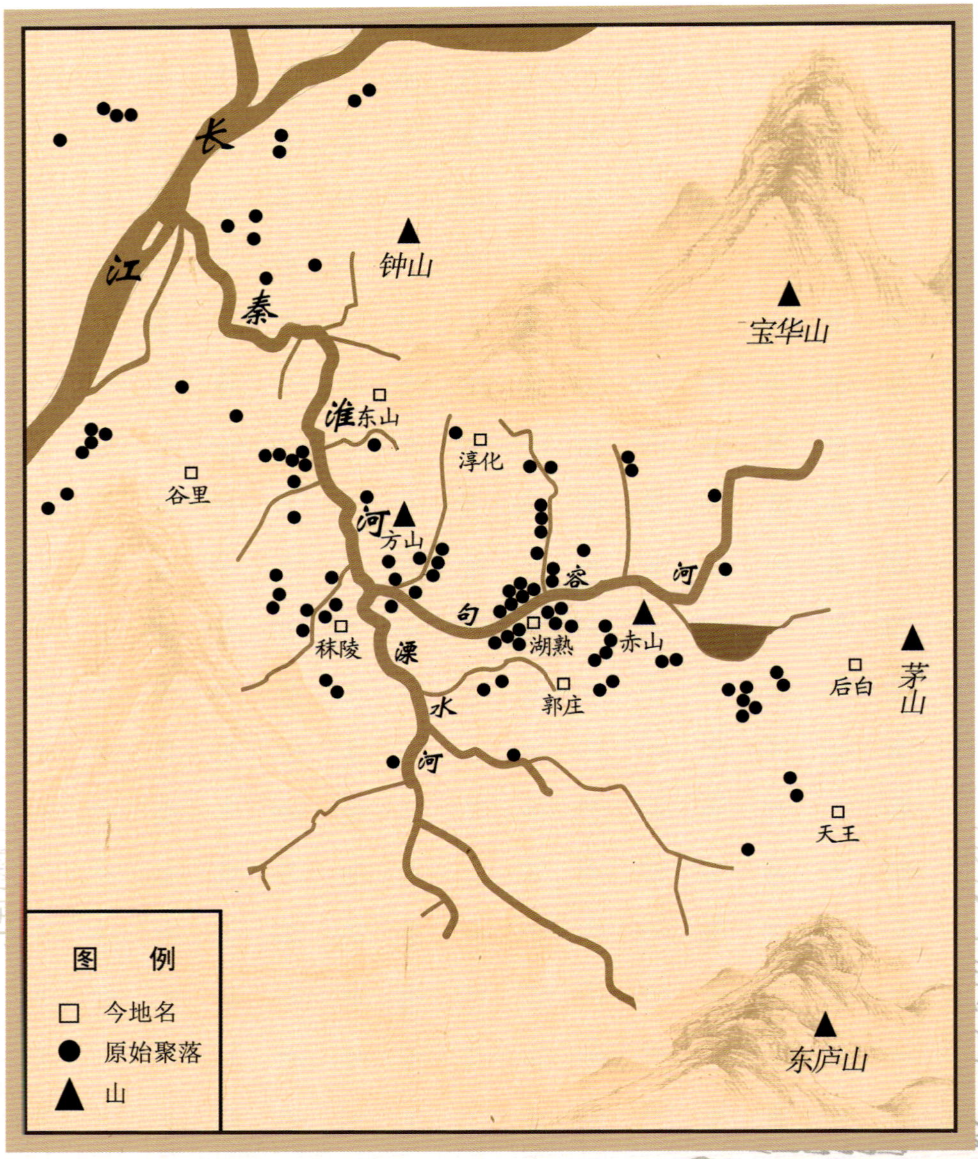

湖熟文化

秦淮河两岸的先民们选择水边台地定居，进入了文明时代。湖熟文化因集中发现于南京市江宁区湖熟街道而得名，与“河姆渡文化”齐名，被誉为南京文明的摇篮，奠定了南京在整个长江中下游地区的文明根基。

湖熟文化遗址

越城

公元前 472 年，越王勾践灭吴国后，令范蠡在秦淮河畔长干里筑城，控制秦淮河口，用它作为进攻楚国的根据地之一，后人称为“越城”。这是南京城区有确切年代可考的最早古城，故址在今外秦淮河南岸中华门外西南侧一带，也被称为“南京的母城”。

长干里

长干里遗址在今南京主城内秦淮河以南至雨花台以北，当时是秦淮河的入江通道，战略地位十分重要。早在春秋战国时期已是南京人口最密集地区，秦汉、六朝时期始终是南京最繁华的商业区和货物集散地。

石头城

公元 221 年，孙权在当时秦淮河入江口清凉山处筑石头城，用它作为保护东吴京师建业的屏障。

石头城，因天然岩壁中有一巨石酷似一张面貌狰狞的鬼脸，故俗称“鬼脸城”。石壁前有一池塘，可见鬼脸倒影，人称镜子塘，历史上有名景点“鬼脸照镜”即指此处。

六　朝

对秦淮河进行了第一次规模性治理、改造，沟通南京和太湖的联系，为秦淮河在历史上一直被视为南京城市的中心提供了有力依据。值得一提的是，东晋时期南京被称为“建康”，在当时已是一个人口超过百万的城市。

运渎青溪

公元 240 年，孙权命人开凿“运渎”“青溪”，与城内其他人工沟渠连接，组成了都城建业周围的水网，与秦淮河、长江相沟通，不仅解决了都城的漕粮运输和给水、排水问题，还成为城市外围的天然城壕，在灌溉、运输和防卫方面均发挥了重要作用。现在南京城内通称的“秦淮中段”为运渎、青溪遗迹。

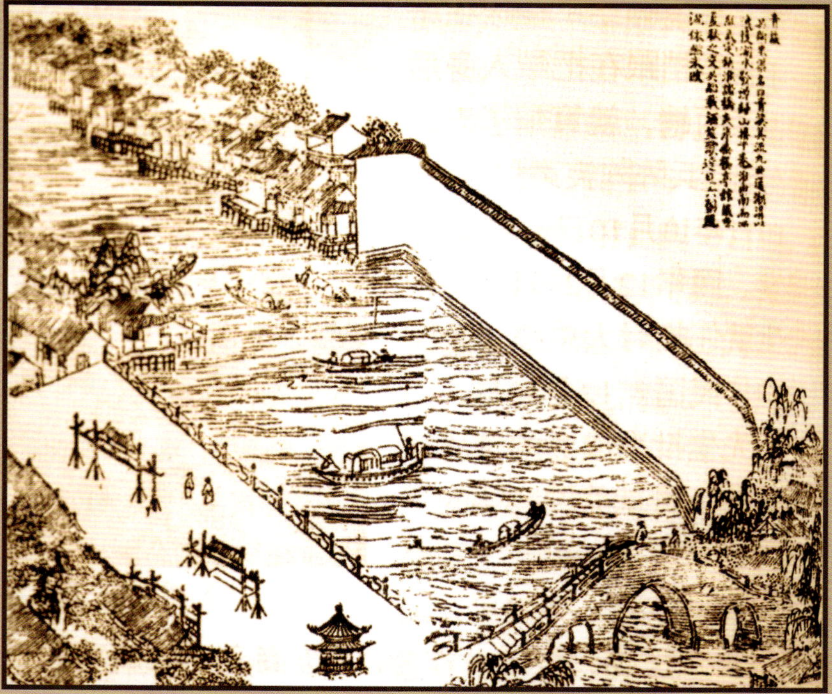

青溪故道

破岗渎

三国吴赤乌年间，孙权命人在茅山以北的丘岗地带开凿一条人工航道，因所凿通的分水岭名破岗，所以称破岗渎，是中国历史上规模较大的水利工程。破岗渎在当时沟通秦淮河水系与太湖水系，加强了都城建邺与东部广大地区的政治经济联系，奠定了六朝经济繁荣的基础。至隋灭陈，由于全国重新统一，建康不再作为都城，破岗渎的漕运作用随之丧失，逐渐退出历史舞台，终至湮没。

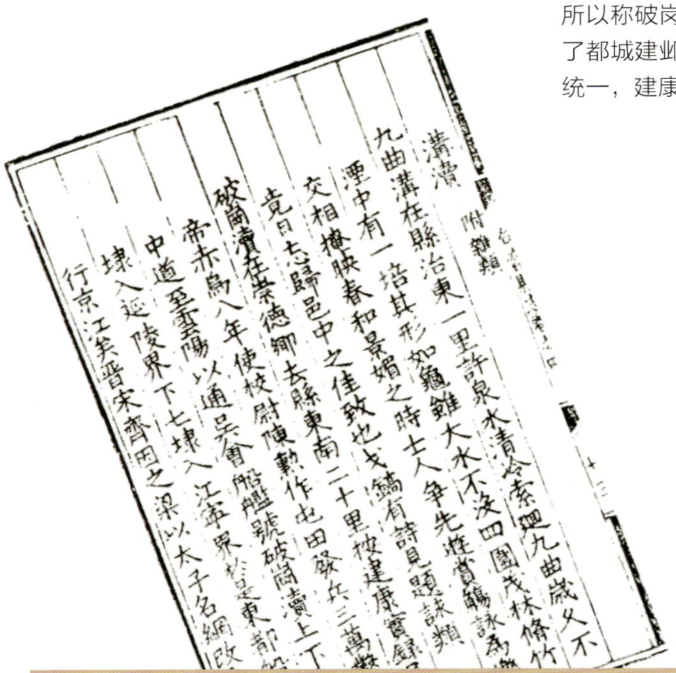
溝瀆 附
九曲溝在縣治東一里許泉水清冷縈廻九曲歲久不
湮中有一培其形如龜雖大水不沒四圍茂林脩竹
交相掩映春和景媚之時士人爭先携觴詠焉
竟日忘歸邑中之佳致也戈鎬有詩見題詠類
破崗瀆在崇德鄉去縣東南二十里按建康實錄
帝赤烏八年使校尉陳勳作屯田發兵三萬
中道至雲陽以通吳會船艦號破崗瀆上下
埭入延陵界下七埭入江寧界於是東郡
行京江矣晉宋齊因之梁以太子名綱改

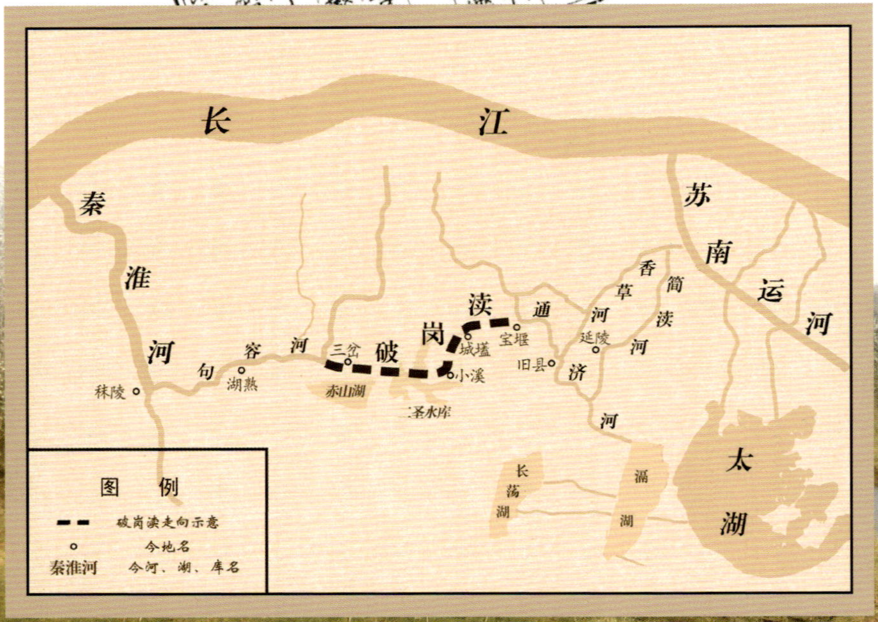

五代十国

秦淮河入江口因石头城以西古长江河道逐渐淤积而西移，石头城地形优势不再，河面宽度也缩减至 70 多米，极大地削弱了秦淮河的军事防御功能。

通过“断淮筑城”、开凿“杨吴城壕”，基本奠定了此后南京城的发展格局和今天南京城区的水系布局。城濠所围合的老城一直是南京城市发展的中心地带，这一格局直到近代下关开埠才被打破。

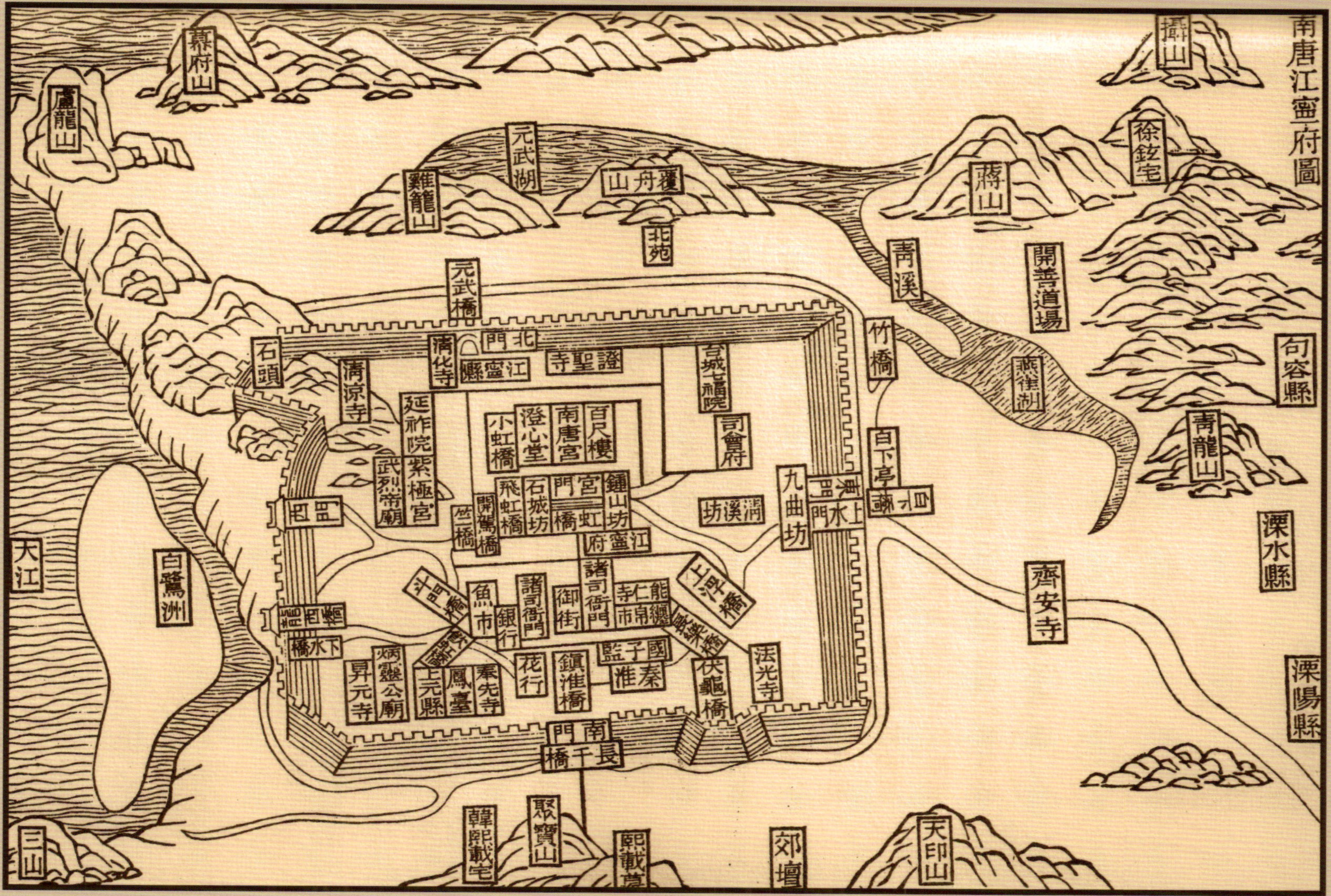

断淮筑城

五代杨吴时期，徐知诰［即后来的南唐烈祖李昪（biàn）］任昇州（今南京）刺史，筑金陵（今南京）城。历史上第一次将秦淮河下游两岸的繁华商市区和稠密居民区包容在城墙之内。徐知诰建立南唐王朝后，在杨吴金陵城的基础上进一步“断淮筑城”，经过20多年连续两次的筑城，南京城成为“高坚甲于天下”的一座大城。

下水门遗迹

伏龟楼遗址

杨吴城濠

公元930年，徐知诰为了解决河水入江通道及城南垣一线防御问题，开挖了都城城濠，史称“杨吴城濠”，构建了南京千余年城市格局的基础。城濠起自上水门，沿着城墙流淌至下水门，再与城内的秦淮河水汇合，一并入江，这一格局一直维持到现代，也算是秦淮河历史上最早的分洪道。

“杨吴城濠”故道

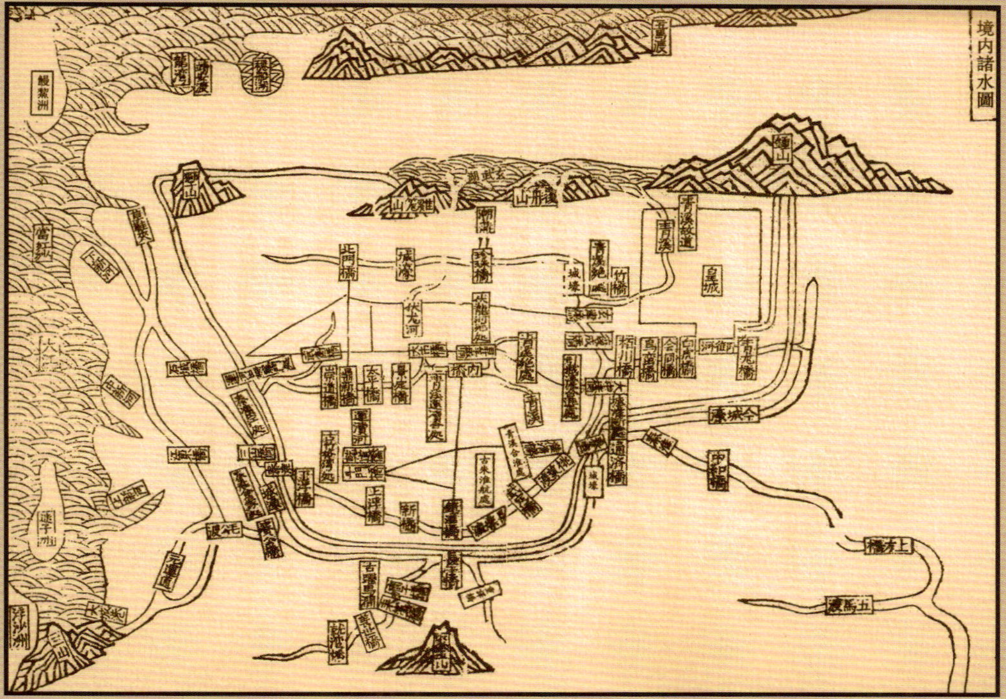

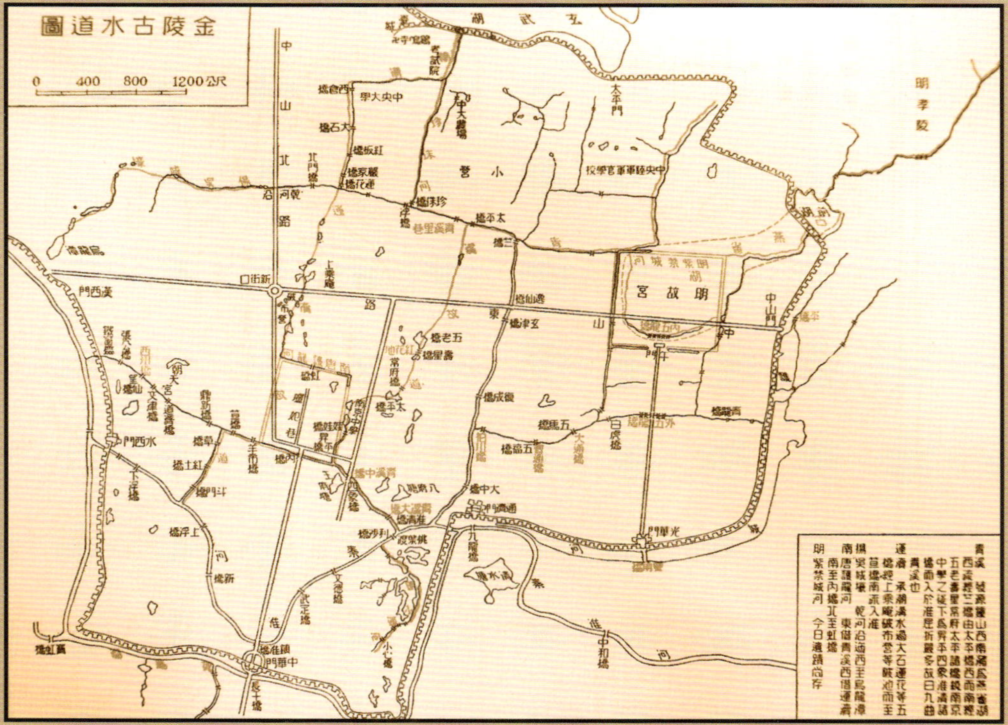

明　清

明初，秦淮河向下游延伸至三汊河，逐渐形成了新的入江口。对秦淮河水系进行的一系列卓有成效的治理、改造，让秦淮河水系所发挥的作用达到历史新高度，奠定了明清两代南京繁荣的基础。

清代多次疏浚内秦淮河，其两岸成为繁华的市街区，达到历史上鼎盛时期。南京城成为全国具有重要影响力的城市，康熙帝、乾隆帝均多次驻跸南京城。

武庙闸

又称“通心水坝”，位于南京城墙解放门附近，建于明初，能够有效控制玄武湖泄水进入秦淮河水系，至今仍在使用，现为全国重点文物保护单位，入选《江苏首批省级水利遗产名录》。

南京城

明太祖朱元璋下令修筑南京城时，通过对城垣外侧杨吴城濠遗迹的疏浚、开挖，引导河水入濠而成护城河，至此，外秦淮河第一次正式成为南京城的护城河。护城河衬映高大坚固的南京城墙，其筑城技术达到中国筑城史上的巅峰。

南京明城墙清凉门段

水关

朱元璋下令把南唐上、下水门扩建为东、西水关，安装闸门控制内秦淮河水量及水位，保障了内秦淮河水位的稳定，水关也成为重要的水利设施。

西水关遗址

东水关全景

旧时“金陵第一胜概”——赏心亭

东水关遗址

建于南唐时期，明代扩建，是古秦淮重要的交通枢纽，是秦淮河流入南京城和船闸通行的重要关口，更是一座用来调节内秦淮河水位和防洪的水陆城门。秦淮河水流到这里便一分为二，一股顺城墙外侧流，成为外秦淮河，一股穿关入城，是为十里内秦淮河。东水关遗址入选《江苏首批省级水利遗产名录》。

天生桥河（胭脂河）

位于南京市溧水区城西约 4 千米处，是明代在胭脂岗上采用“火烧水激”爆破工艺开凿的一条人工运河，沟通秦淮河水系与石臼湖水系。

明朝朱元璋定都南京后，破岗渎已无法疏浚，为了使苏南、皖南、浙北的粮草避开长江风险安全运到南京，便开凿了此河，作为内河漕运。

秦淮水文化

在千百年的人水共生共存中，秦淮河积淀出了深厚的人文与水文化内涵。自古以来，两岸贵族世家聚居，文人墨客荟萃，夫子庙、江南贡院、乌衣巷诉说着历史的盛衰往事，花灯、剪纸、画葫芦等秦淮传统手工民俗集中亮相，五彩斑斓、造型各异，夜晚泛舟于桨声灯影中的秦淮河，赏诗词曲画，品民风民俗，这条“中国文化含量最高的河流”，是传承中华文明的关键基因密码。

《南都繁绘图》

这幅历史画卷横 350 厘米、纵 44 厘米，为绢本设色长卷，生动地描绘了明代南京秦淮河两岸的盛况，真实地反映了明朝留都南京繁华、富庶、热闹的市井生活，一直享有“南京本土的《清明上河图》”之盛誉。

江南贡院

位于秦淮河畔，始建于南宋乾道四年（1168），其规模之大、占地之广居中国各省贡院之首，创中国古代科举考场之最，见证了中国科举制度的兴衰演变。仅明清时期全国就有半数以上官员出自江南贡院，它因之被誉为“中国古代官员的摇篮”。

夫子庙

位于秦淮河畔，是中国第一所国家最高学府、中国四大文庙之一，中国古代文化枢纽之地、金陵历史人文荟萃之地。

秦淮画舫

东晋时期，北方王侯贵族南迁，徙居秦淮河畔。善于吸纳外来文化的南京人，将北方的车与南方的船上下组合成画舫，这是南北方文化交融的结果。

秦淮河房

临秦淮河而建的房舍，以“青砖小瓦马头墙，回廊挂落格扇窗”的南京民居建筑风格为主。明吴应箕《留都见闻录·河房序》：“南京河房，夹秦淮河而居。绿窗朱户，两岸交辉，而倚槛窥帘者，亦自相辉映。夏月淮水盈漫，画船箫鼓之游，至于达夜，实天下之丽观也。”

秦淮灯会

素有“秦淮灯彩甲天下”之称，入选《中国非物质文化遗产代表性项目名录》。

秦淮古桥

千百年来，古桥在秦淮河沿岸社会生活中必不可少，它既满足沿岸群众出行需要、承担一定社会功能，又蕴含丰富的水文化内涵，在诸多秦淮水文化遗存中是浓墨重彩的一笔。

◆竺　桥

◆七桥瓮

是中国唯一用“瓮”命名的拱桥，为全国重点文物保护单位。桥的分水墩上面各雕一只威风凛凛的分水兽头“蚣蝮”（gōng　fù），不仅能分水，减轻水流对桥体的冲击，同时还标出了航道，能防止河中的行船撞上桥墩和桥体。

◆文德桥

其名取自儒家思想“文章道德天下第一”，位于夫子庙泮池西侧，始建于明万历年间，后历代均有修葺，相传为李白醉酒捞月之地，后世在桥旁辟建“得月台”以示纪念。

由于这座桥正处在地球的子午线上，所以每逢农历十一月十五子时，皓月当空，水中月亮正好被这座桥分为东西两边各一半，此奇观被称为“文德分月”。

◆赛虹桥

现存桥面以下部分为康熙年间重建原物，桥宽 50 余米，分水桥墩长 60 余米，拱矢高 8.95 米，至今仍能负载 8 吨，在南京古桥史上实属罕见。

中华门

是当今世界上保存最完好、结构最复杂、规模最大的古城堡，是我国古代城垣建设的瑰宝。内外秦淮河横贯东西，是旧时南京城南交通咽喉所在，城门东西两侧自古便是江南繁华之地。

乌衣巷

位于内秦淮河畔，是中国历史最悠久最著名的古巷之一，当年更是六朝秦淮风流的中心，见证了王谢两大家族的兴衰，与整个中国文化历史紧密相连。

乌衣巷

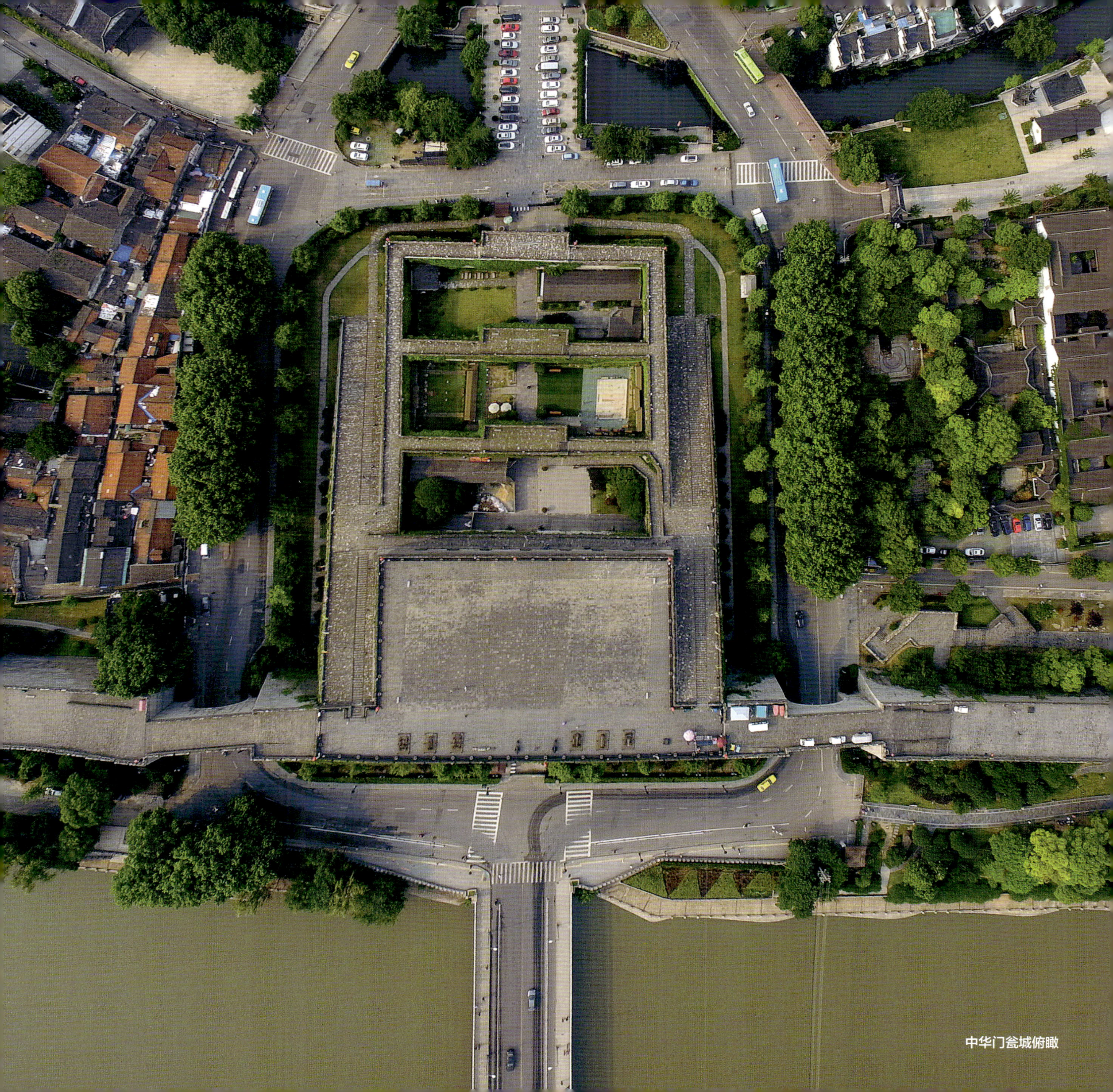

中华门瓮城俯瞰

秦淮文学

千百年来，秦淮河两岸飘逸的六朝烟雨、儒学书卷气，共同濡染着文采与风流，萃聚成中国文化史上一张张特色名片、一座座不朽丰碑。

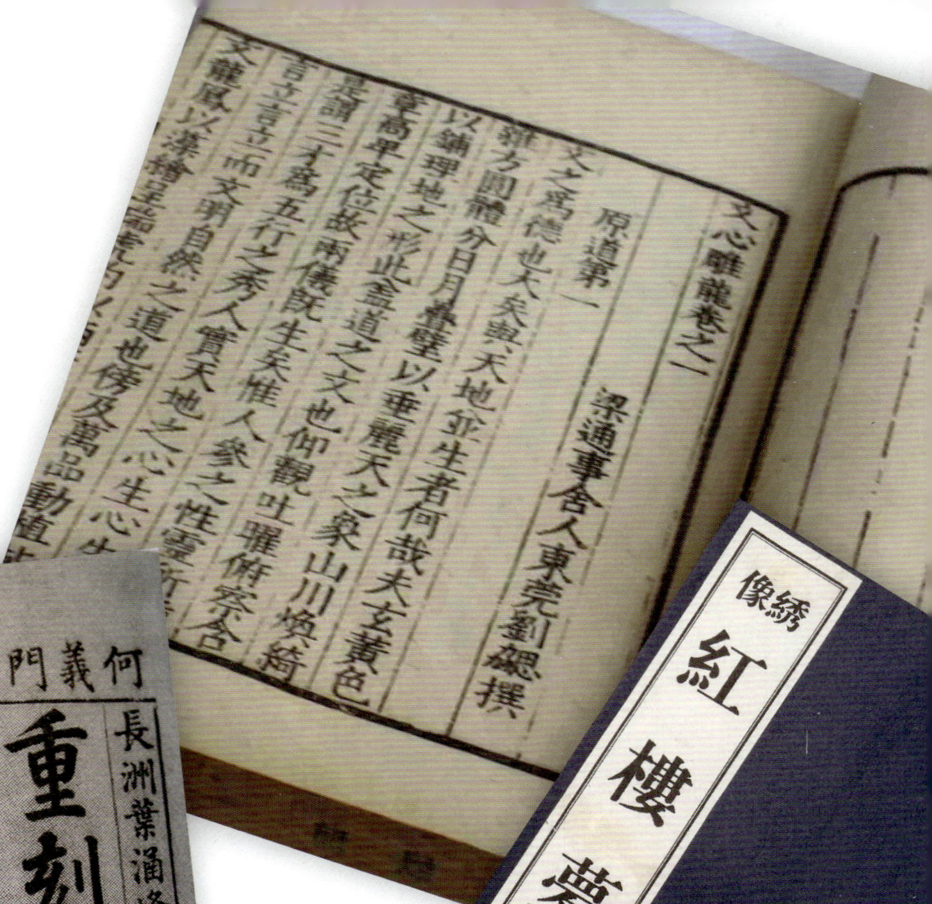

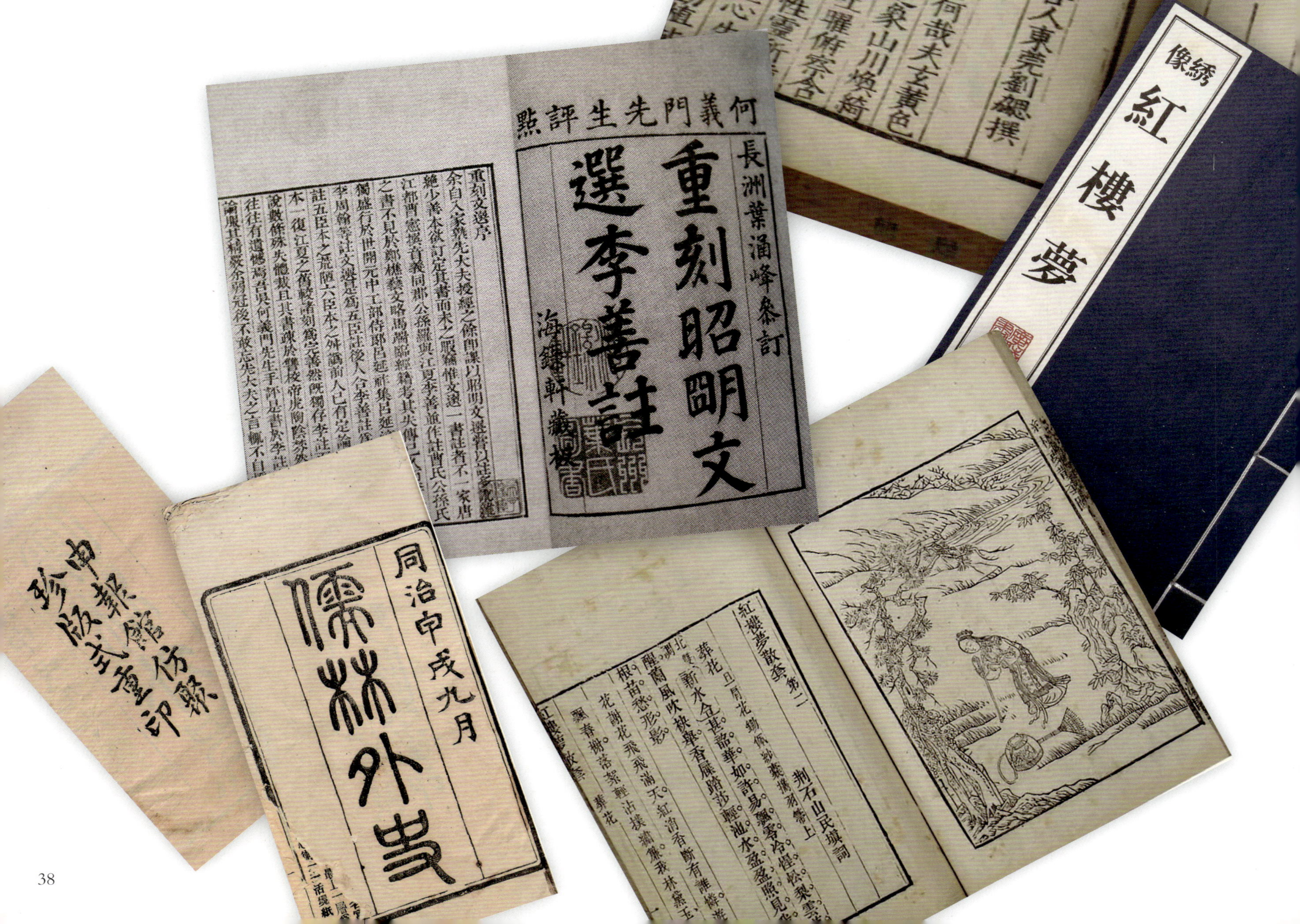

水利工程篇

兴水之利守安澜

中华人民共和国成立以来，历届中共江苏省委省政府兴水利、除水害，秦淮河流域已形成『蓄、泄、引、调』综合配套的水利工程体系，战胜了历次大洪水、特大干旱，抗御了历次强台风，改善了水生态环境。秦淮新河水利枢纽、武定门节制闸、武定门泵站等流域控制性工程，更是被誉为『生命站』『流域守护神』。

2021年，「江苏省首批省级水利遗产名录」公布，武定门节制闸、武定门泵站等多处水工建筑物入选，涵盖闸站工程、河道堤防、灌溉工程、水库大坝等类型，在秦淮河水利治理进程中具有标志性意义。

武定门节制闸

武定门节制闸于1960年9月建成，2007年完成更新改造，是秦淮河流域主要控制工程之一。该闸共6孔，每孔净宽8米，设计排洪流量450立方米每秒，引潮流量150立方米每秒。武定门节制闸被评为江苏最美水地标，入选《江苏省首批省级水利遗产名录》。建闸时的外观由中国近现代建筑设计开拓者之一、著名建筑学家杨廷宝设计。

建成时的武定门节制闸

武定门节制闸今貌

二十世纪八十年代的武定门节制闸启闭机设备

二十世纪九十年代的水利职工正在维护保养启闭设备

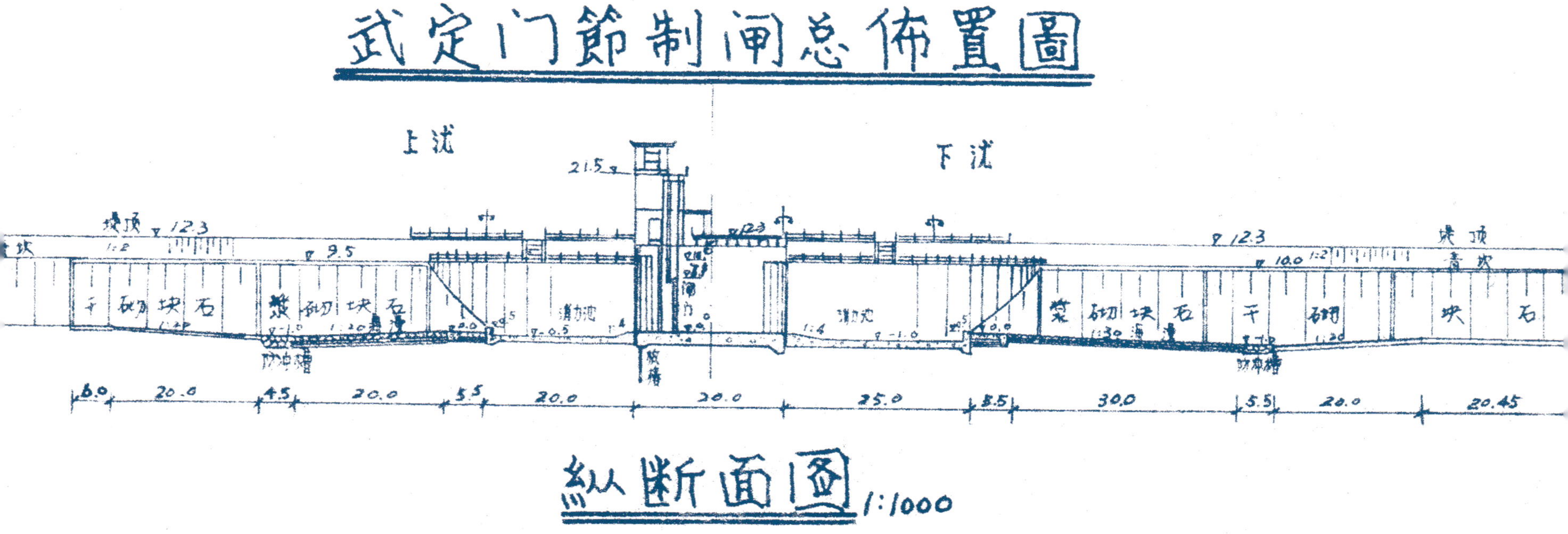

武定门节制闸正全力行洪（摄于 1991 年流域洪水期间）

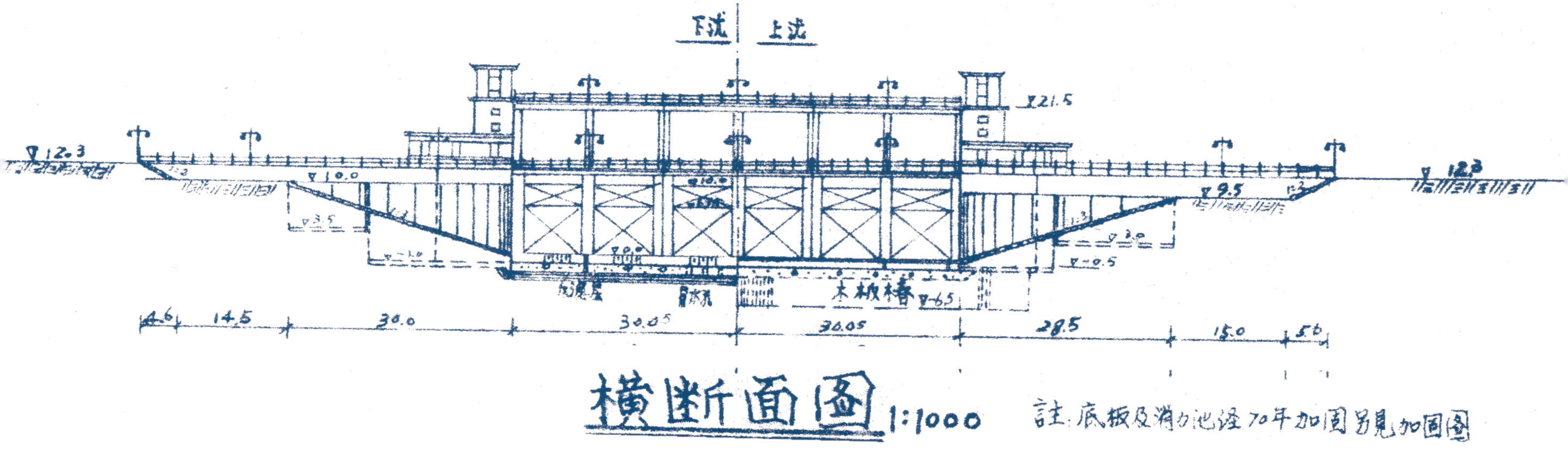

武定门泵站的前身——武定门临时翻水站（1961—1969 年）

武定门泵站

武定门泵站于 1969 年 5 月建成，为双向灌排两用泵站，由中国工程院院士周君亮国内首创“双向 X 型流道”，集抽灌、抽排、自引、自排功能于一站，避免了大量占地，投资仅为原估算的五分之一。现安装潜水电泵 10 台套，设计流量 46 立方米每秒，设计扬程 2.8 米。武定门泵站入选《江苏省首批省级水利遗产名录》。

武定门泵站今貌

武定门泵站

武定门节制闸

武定门水利枢纽旧貌（局部）（摄于 2001 年）

城市排涝

当南京城区遭受强降雨，内河水位上涨接近 6.5 米控制水位时，启用武定门泵站等城内水利设施抽排涝水，以控制内河水位，保障南京城南地区的防汛安全。

坚守一线的运行人员

运行中的西水关泵站

武定门泵站排涝能力占南京城南地区的 40%

秦淮新河水利枢纽

秦淮新河水利枢纽位于秦淮新河入江口处，是闸、站一体的大型水工建筑物，是秦淮河流域主要控制工程之一。节制闸建成于1980年，共12孔，每孔净宽6米，设计排洪流量800立方米每秒，校核排洪流量1100立方米每秒。泵站建成于1982年，是江苏省首座双向卧式平面“S”型流道灌排两用泵站。现安装卧式轴流泵5台套，总装机容量3150千瓦，设计流量50立方米每秒，设计扬程2.5米（灌溉）、2.0米（排涝）。

建设中的秦淮新河水利枢纽

全部建成的秦淮新河水利枢纽工程（摄于 1983 年）

完成加固改造的秦淮新河水利枢纽（摄于 2005 年）

防洪减灾

当秦淮河流域出现连续大范围强降雨，河湖库水位持续上涨，通过精准调度流域性控制工程以及上游地区水利工程，确保洪水顺利入江，保障流域水安全。

正以最大流量泄洪的武定门节制闸（摄于 2021 年“烟花”台风过境期间）

行洪中的秦淮新河节制闸（摄于 2016 年秋汛期间）

抗旱灌溉

当流域内降雨量和河湖蓄水不足出现旱情时，启用秦淮新河泵站，抽长江水向秦淮河补水，满足干旱时期上游的生产生活、工农业用水需求。

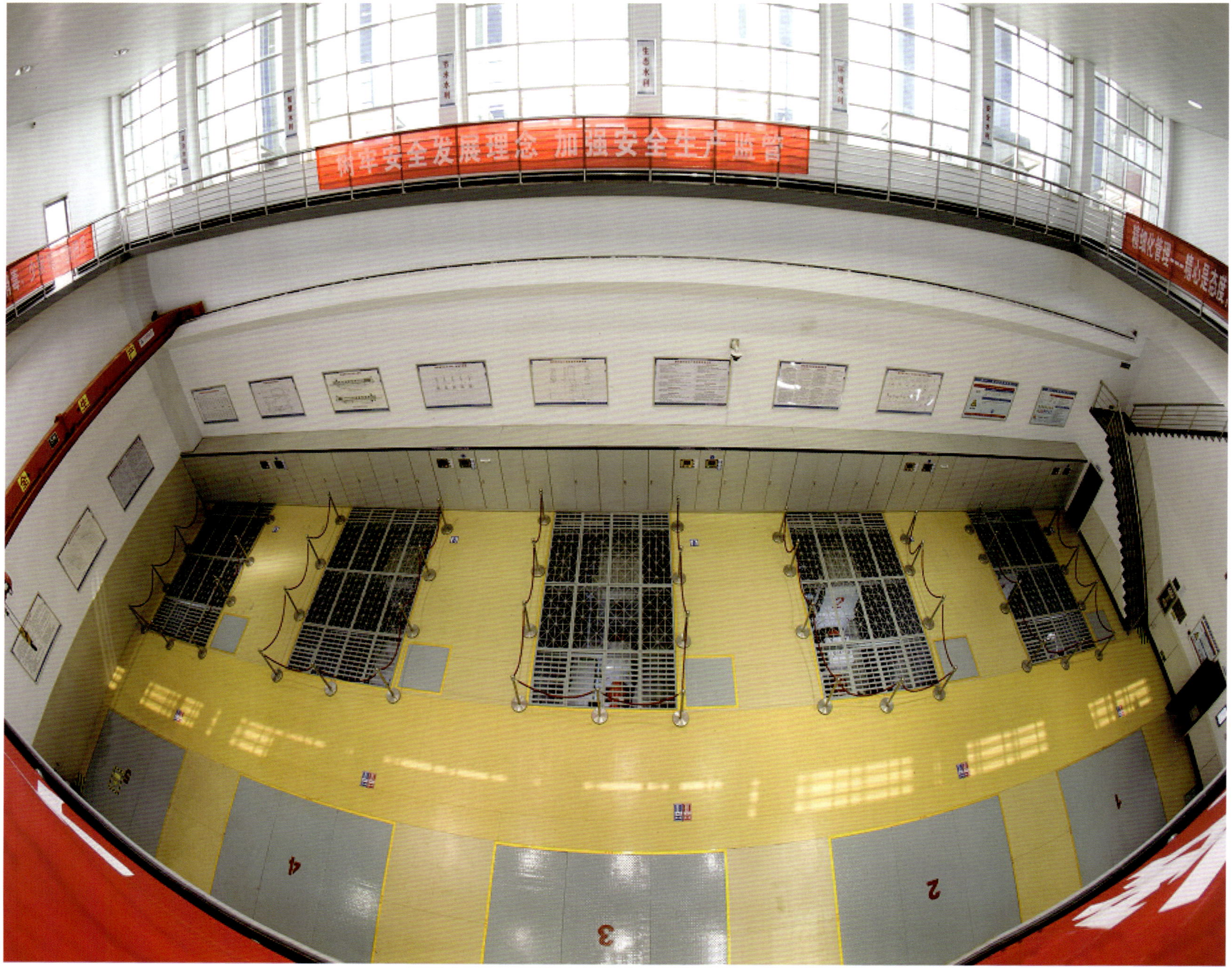

秦淮新河泵站厂房内景

上游滚水坝

上游灌区

生态补水

非汛期，通过秦淮新河泵站、武定门节制闸、三汊河河口闸等水利工程联动，有效保障秦淮河的生态水位、生态流量，助力城市水环境改善。

运行中的三汊河河口闸

端午秦淮龙舟赛

沿岸居民亲水乐水

航运保障

利用秦淮新河节制闸、武定门节制闸等控制性水利工程，非汛期抬高秦淮河航道水位，保证足够的航道宽度和深度，改善航运条件，保持了常年通航条件。

秦淮新河航道已达到国家 5 级航道标准

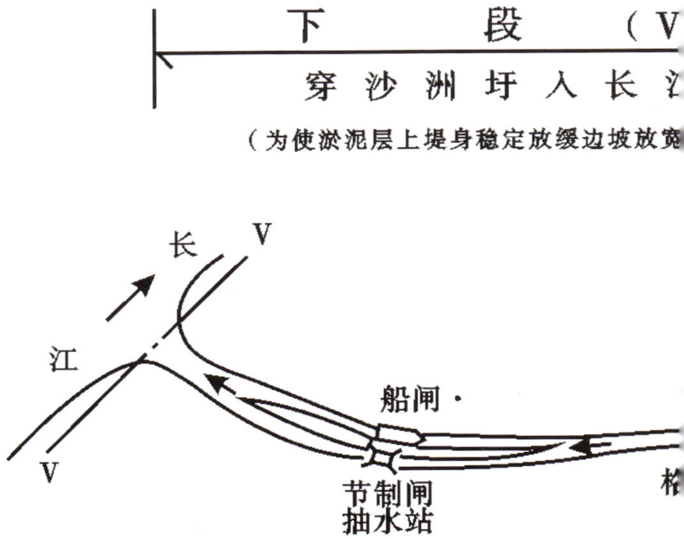

秦淮新河分洪道

中华人民共和国成立以后，秦淮河经多次疏浚，仍不能彻底解决防洪问题，1969 年秦淮河流域大洪水后，决定另开新河分洪。

秦淮新河分洪道于 1975 年动工，1979 年竣工，起于南京市江宁区河定桥，于南京市雨花台区金胜村入江，全长 18 千米，采用人工挖河施工，建成后，极大地缓解了秦淮河下游的防洪压力。

秦淮新河入江口

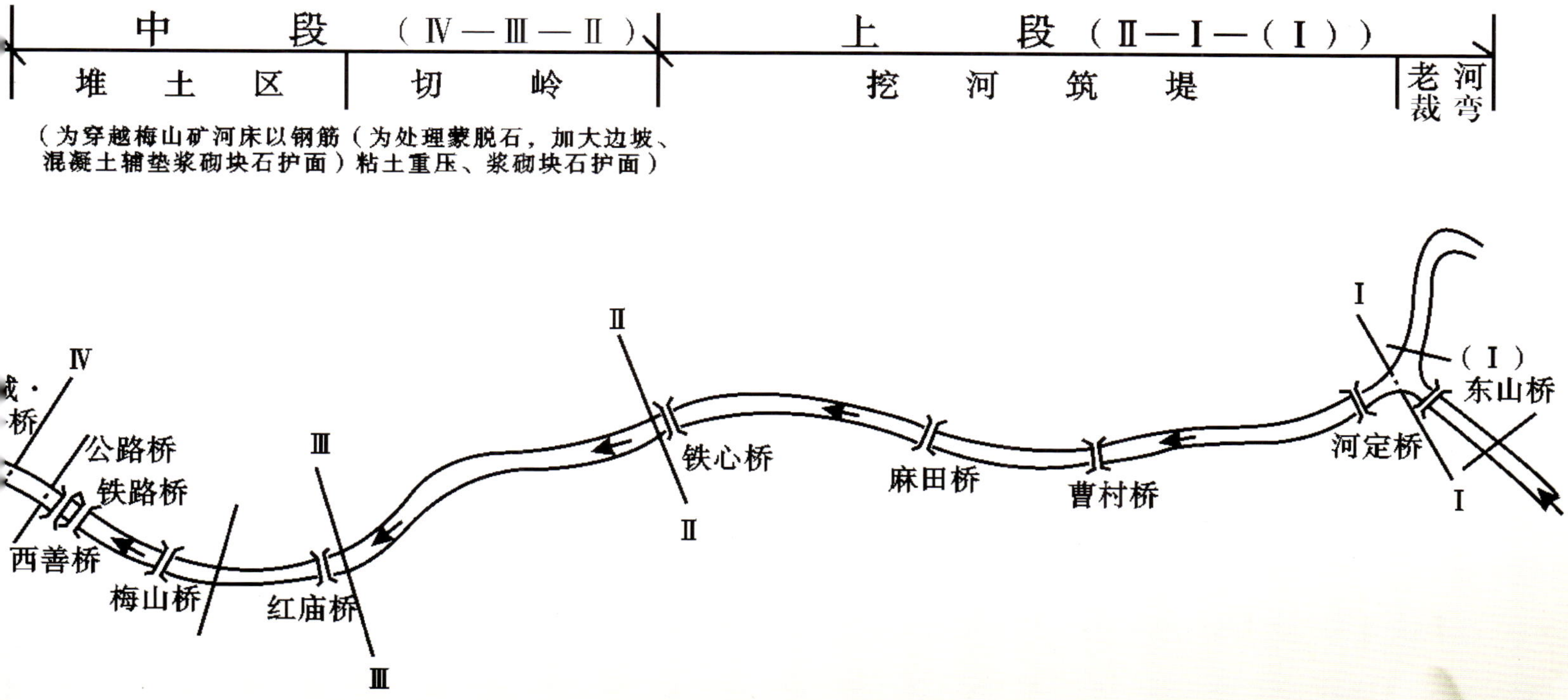

中段（Ⅳ—Ⅲ—Ⅱ）
上段（Ⅱ—Ⅰ—（Ⅰ））
堆土区
切岭
挖河筑堤
老河裁弯
（为穿越梅山矿河床以钢筋混凝土铺垫浆砌块石护面）
（为处理蒙脱石，加大边坡、粘土重压、浆砌块石护面）
Ⅳ
公路桥
铁路桥
西善桥
梅山桥
Ⅲ
红庙桥
Ⅲ
Ⅱ
铁心桥
Ⅱ
麻田桥
曹村桥
河定桥
Ⅰ
Ⅰ
（Ⅰ）
东山桥

三汊河河口闸

三汊河河口闸位于秦淮河入江口，采用亚洲首创的“双孔护镜门”造型。非汛期关闸蓄水，与武定门节制闸联动，抬高武定门至三汊河入江口河段水位，改善城市河道景观，汛期开闸行洪。

水 库

秦淮河全流域现有中小水库 148 座，总库容超 4 亿立方米，主要用于防洪、灌溉。

方便水库

茅山水库

天生桥套闸

天生桥套闸是连接秦淮河与石臼湖水系的控制性水工程，在区域防汛抗旱、水上交通、水环境改善中发挥着重要的作用。

赤山闸

1936 年，民国时期的江苏省江南水利工程处，在当时的赤山湖圩区建造节制闸一座，从而使河湖水位得到初步调控。该闸是句容地区最早使用钢筋混凝土新技术建造的闸、堰，也是该地区当时最大的水利建筑物，入选《江苏省首批省级水利遗产名录》。

赤山湖蓄滞洪区

赤山湖是秦淮河流域唯一调蓄洪水同时兼有生态、景观功能的湖泊。规划蓄滞洪区水面面积 8.8 平方千米，蓄滞的洪水通过控制性口门 —— 赤山闸枢纽工程外排至下游句容河。

赤山湖水利枢纽

赤山湖

新四军水坝

新四军水坝位于茅山南部，1938 年六七月间，陈毅、粟裕率领新四军进入茅山地区后，利用战斗间隙在陈庄、老人山等地建坝蓄水，解决军民山区用水困难，被群众称为“抗日坝”。入选《江苏省首批省级水利遗产名录》。

水情教育篇

秦淮水博一苑间

依托秦淮河水工程，从基本水情、水利常识、水利法治、水利科技、治水成就、治水文化等方面开展国情水情教育，活动丰富多彩，形式多种多样，融知识性、趣味性和互动性于一体，引导社会公众特别是青少年增强节约水资源、保护水生态的思想意识和行动自觉，让悠悠水情飞入千万百姓家。

古秦淮

秦淮水博苑

秦淮水博苑是“江苏省水情教育基地”，位于南京市主城区，毗邻夫子庙秦淮河风光带，拥有丰富的线上线下水情教育资源，是国内省会城市中不可多得的水情教育基地。

法治水利园

漫步法治水利现代化园地，法治水利建设扎实有效，水利普法宣传有声有色。

水润江苏

依法治水管
建设幸福河湖

秦淮水韵园

别具一格的秦淮水文化展示，以开放的形式艺术展现秦淮河悠久深厚的水文化。

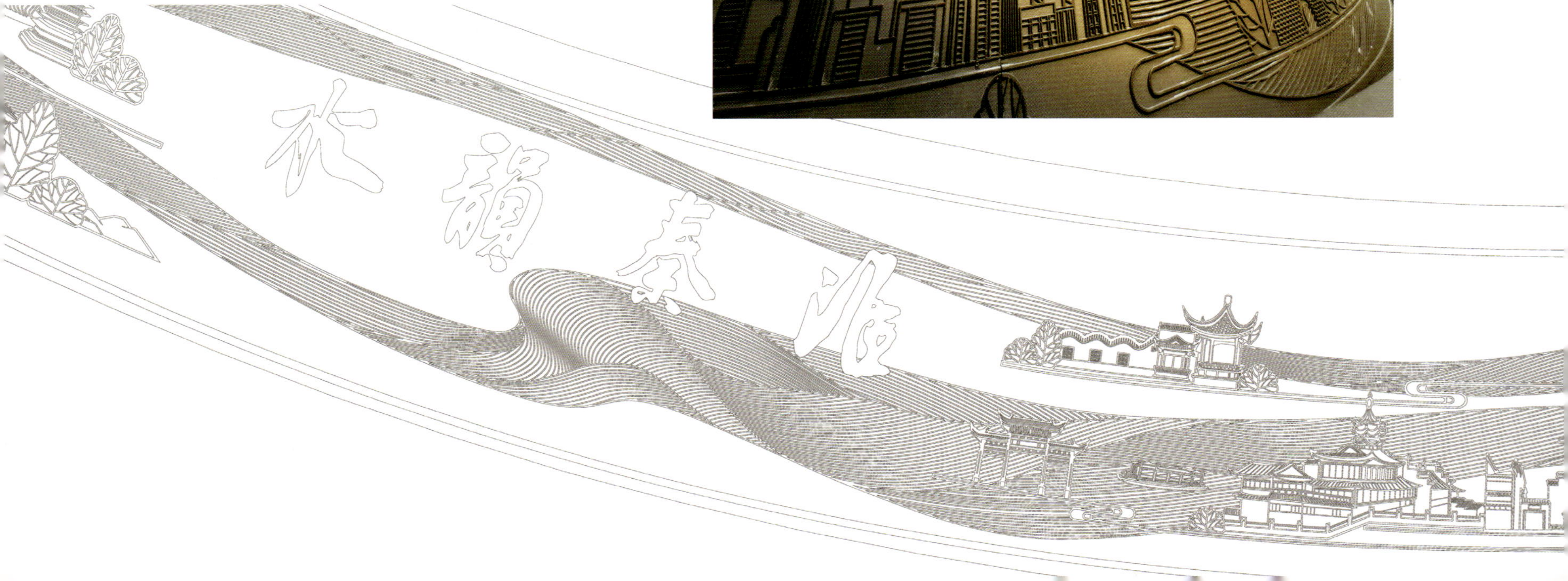

水韻秦淮

打造水文化特色长廊，展现秦淮河文化底蕴

秦淮文化
文德桥

参观水韵秦淮展示厅，感受秦淮河历史变迁，品味水利造福人民的生动画卷。

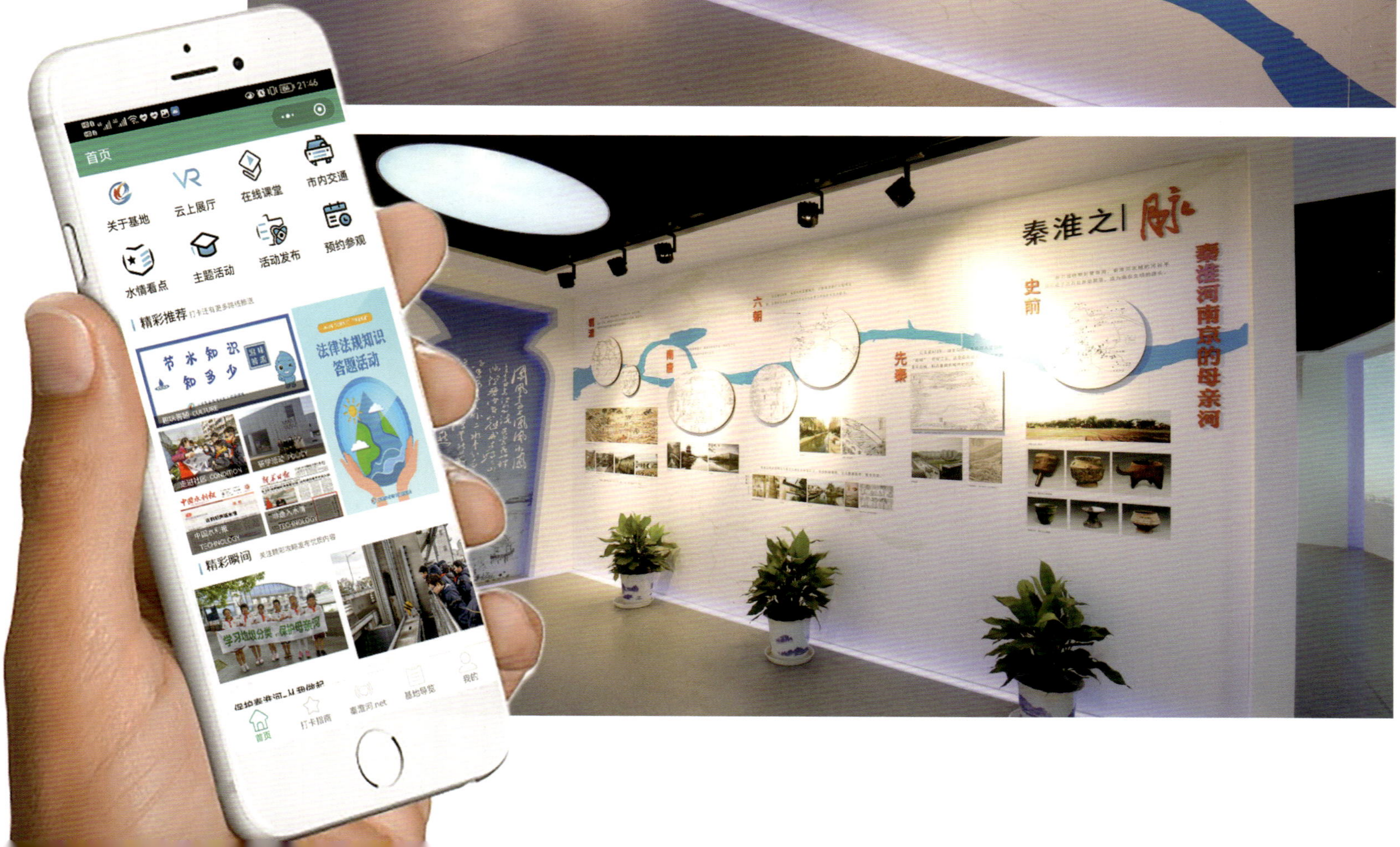

数字化水情教育课堂

打造数字化水情教育课堂，与公众展开水情知识互动交流，加快推动生产生活方式绿色转型。

数字孪生技术——秦淮河流域中控室

秦淮河生态调水三维可视化平台

秦淮河生态调水三维可视化平台
南京
东山

武定门数字泵站
外秦淮河侧水位：6.30m

智慧大厅

节水科普广场

非常规水回收再利用系统 >>>

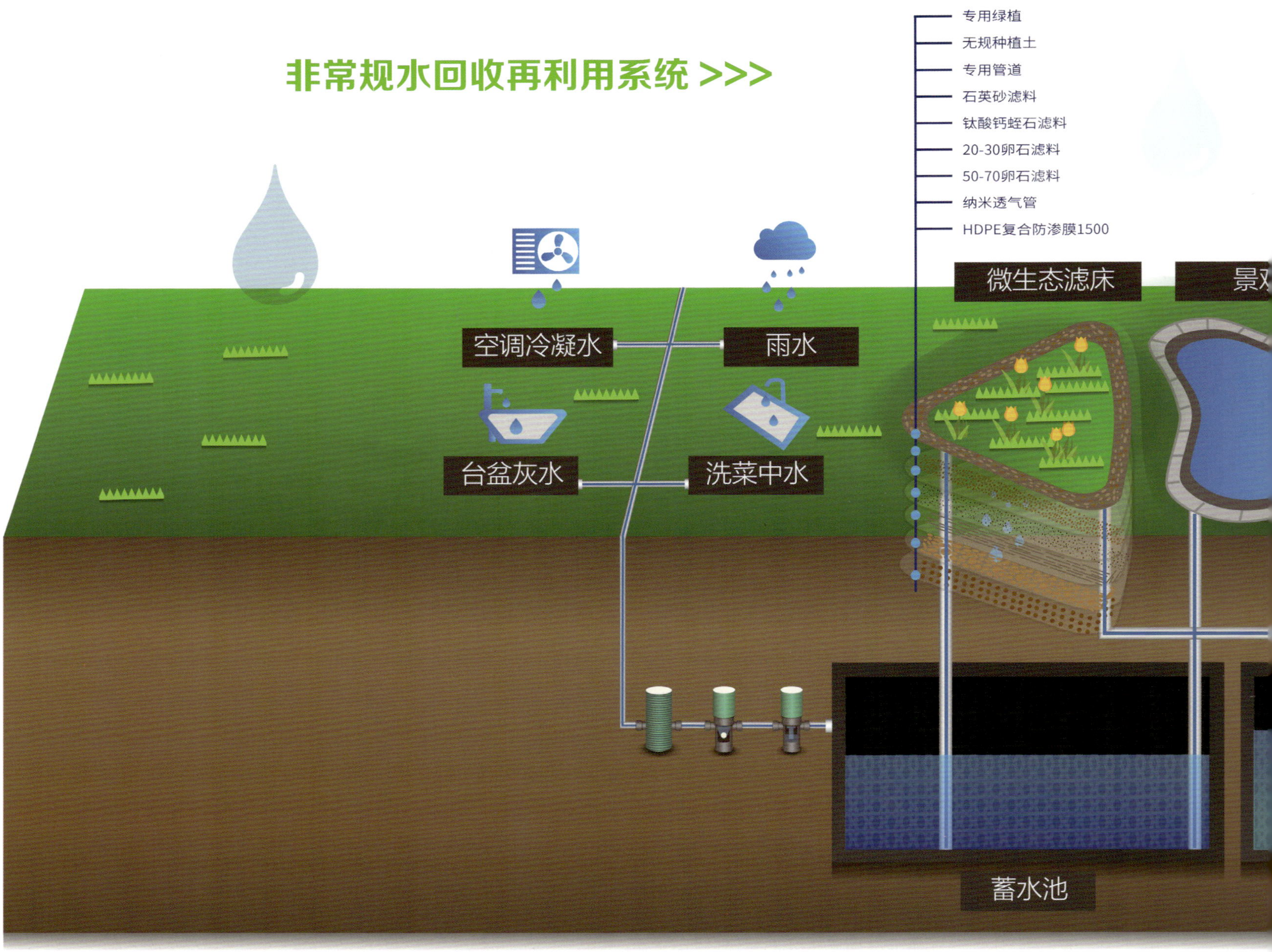

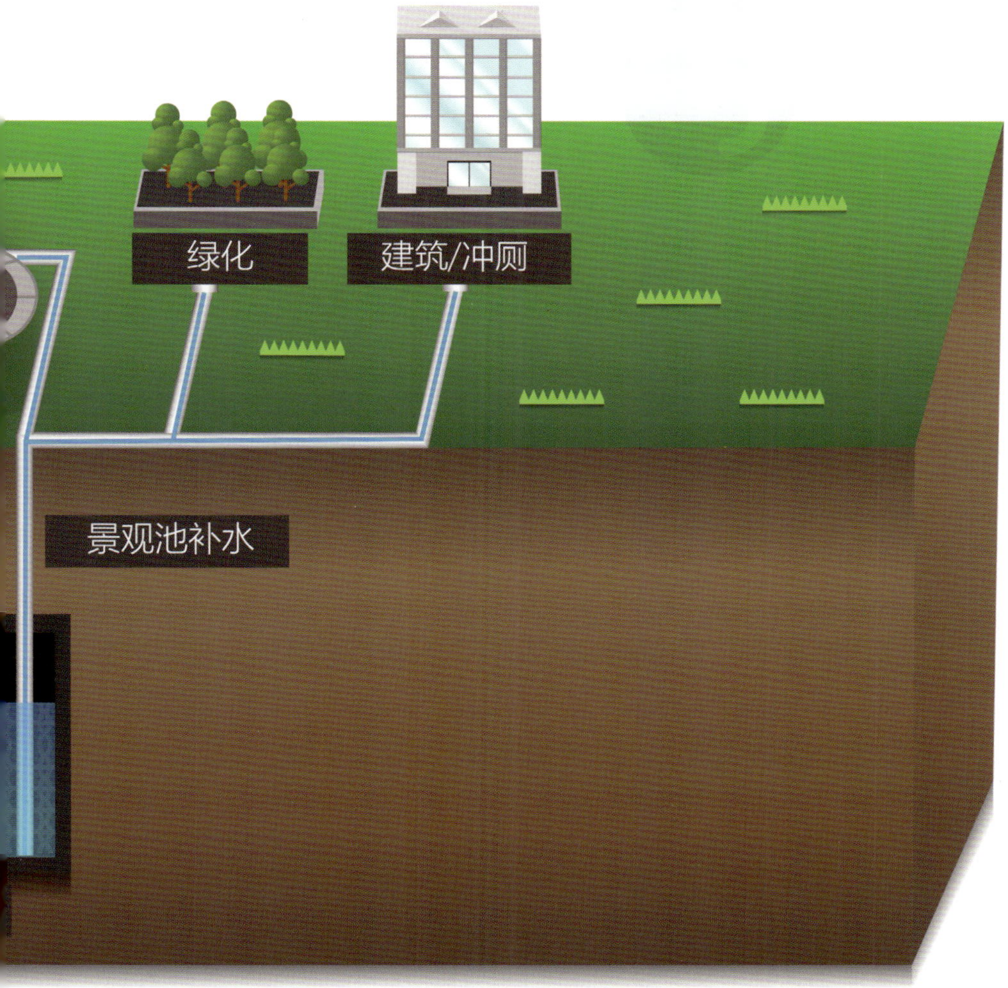
绿化
建筑/冲厕
景观池补水

特色水情教育活动

围绕节水护水、保护河湖、走进重大水利工程等重点内容，策划主题鲜明、富有特色的各类水利主题宣传教育活动，让公众在潜移默化中了解基本水情，接受水情教育。

2020年 “全国科普日”

治水思路
节水优先 空间均衡 系统治理

学生水情教育基地揭牌暨五老村小学“秦淮河小卫士”聘任仪式
父母呼
父母命
父母教
父母责

长江南京浦口段

内容简介

该图集以“中国第一历史文化名河”——秦淮河为讲述主体，分为“自然地理篇——千载秦淮曲尺流”“历史文化篇——秦淮明月照行舟”“水利工程篇——兴水之利守安澜”“水情教育篇——秦淮水博一苑间”四章节内容，分别讲述治水地理、治水文化、治水故事、治水工程，图文并茂，专业性、权威性高，可读性强。

该图集依托水利行业专业优势，具备两大特色：一是展示形式创新，通过搜集整合高品质摄影作品，影像化讲述秦淮河起源与水系演变发展，呈现两岸地质风貌、风土人情，使读者在轻松愉悦的摄影作品鉴赏中燃起亲水、惜水、节水之情；二是内容融合创新，首次对秦淮河流域的水利工程进行了较为详细的定位和介绍，涉及首批省级水利遗产、秦淮新河水利枢纽、武定门水利枢纽等，同步普及水利工程效益和水情教育知识，勾勒出秦淮河水系治理和水利发展的年轮，凝练水利人心系大众、情系江河的奉献精神。

图书在版编目（CIP）数据

秦淮博览 / 陈大卫主编 . -- 南京 : 河海大学出版社 , 2022.11

ISBN 978-7-5630-7765-6

Ⅰ . ①秦… Ⅱ . ①陈… Ⅲ . ①秦淮河 - 河道整治 - 图集 Ⅳ . ① TV882.853.1-64

中国版本图书馆 CIP 数据核字 (2022) 第 198638 号

书　名	秦淮博览 QINHUAI BOLAN
书　号	ISBN 978-7-5630-7765-6
组　稿	江苏省水利摄影协会
责任编辑	龚　俊
特约编辑	梁顺弟
特约校对	丁寿萍
装帧设计	缪宜江　潘宁军
出版发行	河海大学出版社
地　址	南京市西康路 1 号（邮编：210098）
电　话	（025）83737852（总编室）　（025）83722833（发行部）
经　销	江苏省新华发行集团有限公司
排　版	南京布克文化发展有限公司
印　刷	南京迅驰彩色印刷有限公司
开　本	787 毫米 ×1092 毫米　1/12
印　张	8
字　数	80 千字
版　次	2022 年 11 月第 1 版
印　次	2022 年 11 月第 1 次印刷
定　价	138.00 元